❶ くちばしと どうぶつの は

- きつつき
- つばめ
- おうむ
- はちどり
- おおわし
- ペリカン
- はしびろこう
- ペンギン
- フラミンゴ
- おおはし
- かわせみ
- はしびろがも
- よたか
- とら
- りす
- うま
- かば
- ぞう
- いるか
- カメレオン
- かものはし
- わに
- おにいとまきえい

❷ うみと もりの かくれんぼ

- たこ
- ピグミーシーホース
- かれい
- かみそりうお
- へこあゆ
- リーフィーシードラゴン
- いそこんぺいとうがに
- こまちこしおりえび
- もくずしょい
- かえるあんこう
- ガラスはぜ
- えだしゃく
- ななふし
- やもり
- はなかまきり
- よたか
- よしごい
- あげは
- あまがえる
- ゆきうさぎ
- あぶらぜみ
- とのさまばった
- ごまだらちょう

❸ 生きものの 赤ちゃん

- ライオン
- しまうま
- パンダ
- カンガルー
- オランウータン
- おおありくい
- いのしし
- かるがも
- こうていペンギン
- あざらし
- ほっきょくぐま
- うみがめ
- さけ
- こちどり
- かえるあまだい
- ぞう

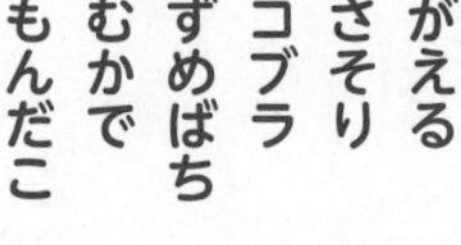

❹ てきから みを まもる ちえ

- はりねずみ
- アルマジロ
- やまあらし
- スカンク
- プレーリードッグ
- インパラ
- しまうま
- じゃこううし
- ももんが
- オポッサム
- ふくろうちょう
- すずめが
- いいだこ
- せみほうぼう
- かくれくまのみ
- そめんやどかり
- きんちゃくがに
- こばんざめ
- ほんそめわけべら
- いわし
- やどくがえる
- おぶとさそり
- キングコブラ
- おおすずめばち
- とびずむかで
- ひょうもんだこ

教科書にでてくる　生きものをくらべよう 3

生きものの赤ちゃん

監修　今泉忠明

Gakken

生《う》まれたばかりの
生《い》きものの　赤《あか》ちゃんは、
どのような　すがたを
して　いるのでしょう。
おかあさんや　おとうさんに
にた　赤《あか》ちゃんや、
にて　いない　赤《あか》ちゃん。
すぐに　歩《ある》いたり
食《た》べたり　できる　赤《あか》ちゃんや、
なにも　できない　赤《あか》ちゃん。
いろいろな　赤《あか》ちゃんたちの
ちがいを、くらべて　みましょう。

ライオンの　赤《あか》ちゃんは、
生《う》まれた　ときは
ねこよりも　小《ちい》さいです。
生《う》まれたばかりの　ときは、
目《め》が　あいて　いません。
自分《じぶん》の　力《ちから》で　歩《ある》く
ことも　できないので、
おかあさんが　口《くち》に　くわえて
はこんで　くれます。

おかあさんは、 いちどに
二頭《にとう》から 三頭《さんとう》の
赤《あか》ちゃんを うみます。
生《う》まれたばかりの
赤《あか》ちゃんは、
おかあさんの
おちちを のんで
そだちます。

目《め》が 見《み》えるように なると、
子《こ》どもたちは きょうだいで
じゃれあって あそぶように
なります。

三《さん》か月《げつ》くらい　たつと、
おちちを　のむだけで　なく、
親《おや》たちが　かりで　しとめた
えものの　肉《にく》も
食《た》べるように　なります。

ものしりメモ
ライオンは、むれを　つくって　くらして　います。
むれで　力《ちから》を　合《あ》わせて　かりを　します。
子《こ》どもたちも、1さいを　すぎると　かりに　さんかします。

しまうまの　赤《あか》ちゃんは、
一頭《いっとう》だけで　生《う》まれて
きます。
生《う》まれた　ときは、
小学四年生《しょうがくよねんせい》の　人《ひと》と
同《おな》じくらいの
おもさが　あります。
生《う》まれたばかりの
ときから、目《め》は
あいて　います。
すがたは　おかあさんに
そっくりで、
りっぱな　しまもようが
あります。

生《う》まれてから
三十分《さんじっぷん》くらい　たつと、
もう　自分《じぶん》で
立《た》ち上《あ》がろうと　します。
三時間《さんじかん》くらい　たつと、
走《はし》れるように　なります。
いつまでも
走《はし》れずに　いると、
ライオンなどの
おそろしい　てきに
かんたんに　おそわれて
しまうからです。

赤《あか》ちゃんは、おかあさんの
おちちを　のんで　そだちます。
そして、一週間《いっしゅうかん》くらい　たつと、
もう　草《くさ》が　食《た》べられるように
なります。

しまうまの　赤《あか》ちゃんは、
おとなと　同《おな》じように　くらせる
力《ちから》を　すぐに　みに　つけます。
そう　する　ことで、てきが
多《おお》い　ばしょでも　生《い》きのびる
ことが　できるのです。

生《う》まれたばかりの
パンダの　赤《あか》ちゃんは
とても　小《ちい》さく、
人《ひと》の　てのひらに
のるくらいの
大《おお》きさです。
　おもさは、みかん
一《ひと》つ分《ぶん》くらいです。
　体《からだ》ぜんたいは
ピンク色《いろ》を　して　いて、
毛《け》は　あまり
はえて　いません。

一《いっ》か月《げつ》くらい　すると、
毛《け》が　はえそろって
おかあさんと　同《おな》じような
白《しろ》と　黒《くろ》の　もように　なります。

ものしりメモ　パンダは、いちどに　一頭《いっとう》から　二頭《にとう》の　赤《あか》ちゃんを　うみます。しかし、しぜんの　中《なか》では、そのうち　一頭《いっとう》しか　そだちません。

はじめは、おかあさんの
おちちを　のんで　大《おお》きく
なります。
六《ろっ》か月《げつ》くらい　すると、
おとなが　食《た》べる
ささの　はや　たけのこも
かじるように　なります。

九《きゅう》か月《げつ》くらいで、少《すこ》しずつ　おとなのように
かたい　竹《たけ》も　かじれるように　なります。
大《おお》きく　なるに　つれて、木《き》のぼりも　じょうずに　なります。

生《う》まれたばかりの
カンガルーの　赤《あか》ちゃんは、
小《こ》ゆびの　先《さき》ほどの　大《おお》きさで
一円玉《いちえんだま》くらいの　おもさです。
すぐに　おかあさんの
おなかの　ふくろに　入《はい》り、
おちちを　のんで
大《おお》きく　なります。

生《う》まれたばかりの　ときは、
目《め》も　あいて　いません。

八《はち》か月《げつ》くらい　たつと、
おかあさんの　ふくろから
出《で》られるように　なります。
おかあさんの　ジャンプを
じょうずに　まねして、
いっしょに　草原《そうげん》を
とびまわります。

ふくろから　出《で》ると、
だんだん　草《くさ》を
食《た》べるように　なります。

ものしりメモ
ふくろから　出《で》た　後《あと》も、
1さいくらいに　なるまでは
おちちも　のみます。

オランウータンの
赤《あか》ちゃんは、
人《ひと》の　赤《あか》ちゃんよりも
少《すこ》し　小《ちい》さいくらいです。
　生《う》まれたばかりの
ときから
目《め》は　あいて　いますが、
まわりは　まだ　よく
見《み》えて　いません。
　おかあさんに　しっかり
しがみついて、
おちちを　もらいます。

手《て》の　力《ちから》が　強《つよ》いので、おかあさんの　体《からだ》の　毛《け》にも　つかまれます。
六《ろっ》か月《げつ》くらい　すると、おかあさんの　食《た》べて　いる　くだものや、やわらかい　木《き》の　はを　口《くち》に　入《い》れて　みるように　なります。
おちちが　いらなく　なるには、四《よ》年《ねん》くらい　かかります。

おおありくいの　赤《あか》ちゃんは、
りんご五《いつ》つ分《ぶん》くらいの
おもさです。
　生《う》まれた　ときには、
まだ　目《め》は　見《み》えません。
　しかし、つぎの　日《ひ》からは
自分《じぶん》で　おかあさんの
せなかに　のぼって
すごします。
　こう　すると、
おかあさんの　体《からだ》の
いちぶのように　見《み》えて、
てきから　見《み》つかりません。

九《きゅう》か月《げつ》くらいまで　おちちを　もらいます。
大《おお》きく　なると、長《なが》い　したを　つかって
ありや　しろありなどを　なめとって
食《た》べます。

ものしりメモ

おおありくいは、するどい
つめで　しろありの　すを
こわして、中《なか》に　いる
しろありを　食《た》べます。

いのししの　赤《あか》ちゃんは、
子犬《こいぬ》くらいの　大《おお》きさです。
子《こ》どもの　いのししには、
茶色《ちゃいろ》の　体《からだ》に　白《しろ》っぽい
しまもようが　あります。
　その　すがたが、
うりと　いう　やさいに
にて　いるので、
うりんぼうなどと
よばれます。

うり

赤《あか》ちゃんは　いちどに
五頭《ごとう》くらい　生《う》まれ、
三《さん》か月《げつ》くらいまでは
おかあさんの　おちちで
そだちます。
　それからは、
しょくぶつの　ねっこや
どんぐりなどの
木《き》の　みを　食《た》べて
大《おお》きく　なります。
　大《おお》きく　なるに　つれて
しまもようは　なくなり、
茶色《ちゃいろ》の　毛《け》に　なります。

かるがもの　赤《あか》ちゃんは、にわとりの　ひよこくらいの　大《おお》きさです。
いちどに　十羽《じっぱ》くらいの　ひなが　生《う》まれます。
おかあさんは、まず　ひなたちを　つれて、池《いけ》や　川《かわ》などの
あんぜんな　ばしょに　行《い》きます。

ひなたちは、おかあさんから
はぐれないように、一生《いっしょう》けんめい
ついて　いきます。
あそんで　いる　ときでも、
おかあさんが　鳴《な》き声《ごえ》で
きけんを　知《し》らせると、
おおいそぎで　みを　かくします。

こうていペンギンの　たまごは、おとなの　人《ひと》の
にぎりこぶしより　少《すこ》し　大《おお》きく、レモン三《みっ》つ分《ぶん》ほどの　おもさです。
おかあさんは　たまごを　うむと、
すぐに　遠《とお》くの　海《うみ》へ　魚《さかな》を　とりに　いきます。
その　間《あいだ》、おとうさんが　たまごを　あしに　のせて　あたためます。

二《に》か月《げつ》くらい　たつと、
おとうさんの　あしの　上《うえ》で
ひなが　かえります。

ひなには　黒《くろ》や　白《しろ》、
はい色《いろ》の　ふわふわした
羽毛《うもう》が　はえて　いて、
とても　あたたかそうです。

おかあさんは、ひなが　かえる　ころに　海《うみ》から　もどります。
そして、とった　魚《さかな》を　口《くち》から　出《だ》して　ひなに　あたえます。

一《いっ》か月《げつ》から　二《に》か月《げつ》が　たち、ひなが　たくさん　食《た》べるように
なると、おとうさんと　おかあさんは　いっしょに　海《うみ》へ
魚《さかな》を　とりに　いきます。
その　間《あいだ》、ひなたちは
ぎゅうっと　あつまって、
さむさに　たえながら
親《おや》の　帰《かえ》りを　まつのです。

ものしりメモ　ふわふわの　ひなの　羽毛《うもう》は、夏《なつ》に　なる　ころ、かたくて　水《みず》を　はじく　おとなの　羽毛《うもう》に　はえかわります。

たてごとあざらしの
赤《あか》ちゃんは、
人《ひと》の　赤《あか》ちゃん
三《さん》人《にん》分《ぶん》くらいの
おもさです。

まっ白《しろ》な　毛《け》に
つつまれて　いて、
こおりの　上《うえ》では　目《め》立《だ》ちません。
まだ　海《うみ》で　およぐ　ことは　できません。

はじめは、
おかあさんから　えいよう
たっぷりの　おちちを
もらって　そだちます。
一《いっ》か月《げつ》くらい　たつと、
はい色《いろ》の　毛《け》に　はえかわり
海《うみ》に　もぐって　魚《さかな》を
とれるように　なります。

ものしりメモ
赤《あか》ちゃんの　白《しろ》い　毛《け》は　水《みず》を
はじかないので、水《みず》に　ぬれると
体《からだ》が　ひえて　しまいます。水《みず》を　はじく
はい色《いろ》の　毛《け》に　なると、水《みず》の　中《なか》で
およげるように　なるのです。

ほっきょくぐまの
赤《あか》ちゃんは、
りんご二《ふた》つ分《ぶん》くらいの
おもさです。
おかあさんは　雪《ゆき》に
あなを　ほって、
いちどに
一頭《いっとう》から　四頭《よんとう》の
赤《あか》ちゃんを　うみます。
赤《あか》ちゃんは、
おかあさんと　同《おな》じように
まっ白《しろ》な　毛《け》を
して　います。

赤《あか》ちゃんは　おかあさんの
おちちで　そだち、春《はる》に　なると
すの　あなから　出《で》て　きます。
そして、おかあさんが　とった
あざらしや　魚《さかな》、トナカイなどの
肉《にく》を　食《た》べて　大《おお》きく　なります。

うみがめは、すなの 中《なか》に
たまごを うみます。
六十日《ろくじゅうにち》くらい たつと、
赤《あか》ちゃんが 自分《じぶん》で すなの
中《なか》から 出《で》て きます。
すなから はい出《で》ると、
それぞれの 力《ちから》で 海《うみ》へと
むかいます。

すなの 中《なか》の たまご。

ぶじに　海《うみ》に　たどりつくと、
海《うみ》を　ただよう　草《くさ》などに　まぎれて
くらげの　子《こ》どもなどを　食《た》べながら、
自分《じぶん》の　力《ちから》で　大《おお》きく　なります。

おとなに　なった　うみがめ。

さけは、川《かわ》の　そこに
たまごを　うみます。
うみおとされてから
二《に》か月《げつ》くらい　たつと、
赤《あか》ちゃんが　たんじょうします。
それから　五十日《ごじゅうにち》くらいは
川《かわ》の　そこに　いて、おなかに
ついて　いる　たまごの
えいようで　そだちます。

たまごの　えいようが
なくなると、小《ちい》さな　えびなどを
食《た》べながら、むれに　なって
海《うみ》へと　むかいます。
　そして　何年《なんねん》も　たって
おとなに　なると、
生《う》まれた　川《かわ》に
ふたたび　帰《かえ》って　きて
たまごを　うむのです。

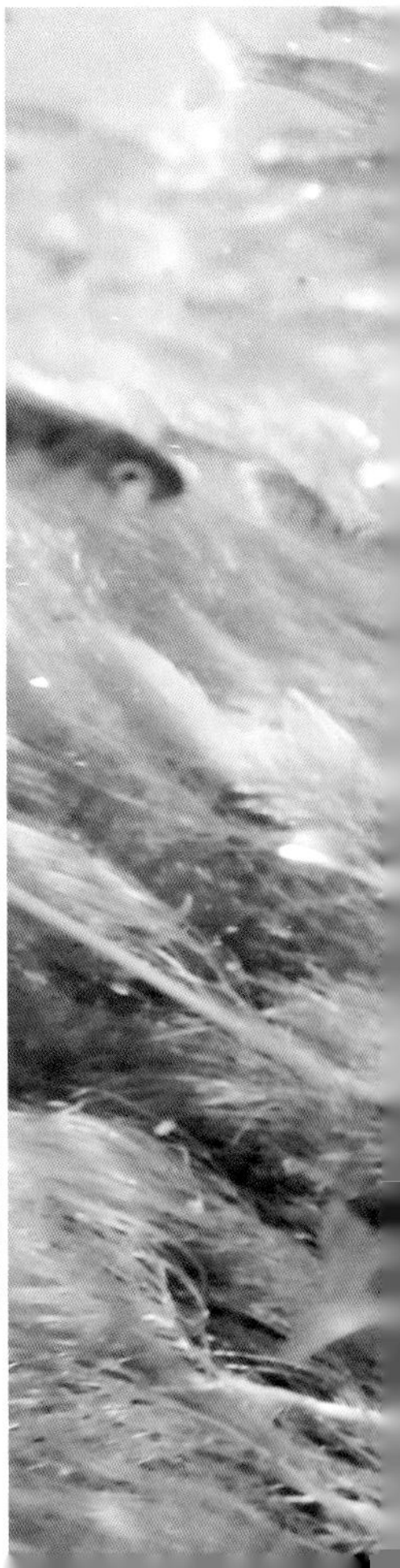

すごい！ おとうさん おかあさん 子《こ》どもを まもる 親《おや》たち

こちどり

てきを　引《ひ》きつけ　ひなを　まもる

じめんで　子《こ》そだてを　する
こちどりの　親《おや》は、
てきが　すの　近《ちか》くに　来《く》ると、
体《からだ》を　引《ひ》きずったり
羽《はね》を　ばたばたさせたり　して、
けがを　して　いるような
うごきを　します。
すると、てきは　親《おや》を
おいかけて、たまごや
ひなから　遠《とお》ざかります。
そして、てきが　すから　はなれると、
さっと　とんで　すに　帰《かえ》ります。

ものしりメモ
親《おや》が　鳴《な》き声《ごえ》で　きけんを　知《し》らせると、ひなは　あつまって　親《おや》の　羽《はね》の　中《なか》に　かくれます。左《ひだり》の　しゃしんでは、親《おや》の　体《からだ》の　下《した》から　かくれた　ひなの　あしだけが　見《み》えます。

おとうさんが
たまごを　まもる

かえるあまだい

かえるあまだいと　いう　魚《さかな》は、
おかあさんが　うんだ　たまごを
おとうさんが　口《くち》の　中《なか》で
まもります。
その　間《あいだ》、おとうさんは
なにも　食《た》べません。
たまごは　十日《とおか》くらいで
かえって、海《うみ》に　ちらばります。

みんなで
子《こ》どもを　まもる

アフリカぞう

アフリカぞうの
おかあさんは、
およそ　五年《ごねん》に
一回《いっかい》　子《こ》どもを
うみます。
生《う》まれた
子《こ》どもは、
むれの　みんなで
たいせつに
そだてます。
きけんが　せまると、
おとなたちが
子《こ》どもを　かこんで
てきから　まもります。

この本《ほん》に でてきた 生《い》きもの ずかん

6 ページ サバンナシマウマ

[体長《たいちょう》：110 ～ 145cm（せなかの高《たか》さ）]

アフリカの　草原《そうげん》に　すむ。
ほかの　どうぶつたちに　まじり、
大《おお》きな　むれを　つくる。

3 ページ ライオン

[体長《たいちょう》：140 ～ 250cm]

アフリカの　草原《そうげん》に　くらす。
めすを　中心《ちゅうしん》に、夕方《ゆうがた》から　夜《よる》に
むれで　かりを　する。

16 ページ スマトラオランウータン

[体長《たいちょう》：90 ～ 140cm]

マレーシアなどに　すむ。
オランウータンは、マレー語《ご》で
「森《もり》の　人《ひと》」と　いう　いみ。

14 ページ アカカンガルー

[体長《たいちょう》：85 ～ 160cm]

オーストラリアに　すむ。
おすは　ボクシングのように　たたかって、
めすを　とりあう。

10 ページ ジャイアントパンダ

[体長《たいちょう》：120 ～ 150cm]

中国《ちゅうごく》の　山《やま》おくに　すむ。冬《とう》みんは
しないで、冬《ふゆ》も　かれない　竹《たけ》を　食《た》べる。

22 ページ カルガモ

[体長《たいちょう》：60cm くらい]

日本《にほん》や　中国《ちゅうごく》などに　すむ。田《た》んぼや
池《いけ》の　そばで　子《こ》そだてを　する。

20 ページ ニホンイノシシ

[体長《たいちょう》：120 ～ 150cm]

日本《にほん》に　すむ。昼間《ひるま》は　やぶに　かくれ、
夕方《ゆうがた》から　うごきだす。

18 ページ オオアリクイ

[体長《たいちょう》：100 ～ 120cm]

中《ちゅう》おう～南《みなみ》アメリカなどに　すむ。
前《まえ》あしの　大《おお》きな　つめで、
シロアリの　すを　こわして　食《た》べる。

30 ページ **ホッキョクグマ**

[体長《たいちょう》：180～250cm]

北《ほっ》きょくの　まわりに　すむ。海《うみ》で
およいだり　もぐったり　するのが
じょうず。

28 ページ **タテゴトアザラシ**

[体長《たいちょう》：180cm くらい]

北《ほっ》きょくの　海《うみ》に　すむ。おとなには、
「たてごと」と　いう　がっきの　形《かたち》の
もようが　ある。

24 ページ **コウテイペンギン**

[体長《たいちょう》：120cm くらい]

南《なん》きょくに　すむ。ペンギンの　中《なか》で
いちばん　大《おお》きくて、海《うみ》の　ふかい
ところまで　もぐれる。

36 ページ **コチドリ**

[体長《たいちょう》：16cm くらい]

アジアなどに　すむ。夏《なつ》に　日本《にほん》に　やって
くる。川原《かわら》などに　たまごを　うみ、ひなを
そだてる。

34 ページ **サケ（シロザケ）**

[体長《たいちょう》：70～80cm]

北《きた》たいへいように　すむ。川《かわ》で　生《う》まれ、
海《うみ》に　出《で》る。きせつに　よって、海《うみ》を
いどうしながら　大《おお》きく　なる。

32 ページ **アカウミガメ**

[体長《たいちょう》：70～100cm]

あたたかい　海《うみ》に　すむ。イカや
ウニなどを　食《た》べる。おとなに　なると、
たまごを　うみに　生《う》まれた　海《かい》がんに　帰《かえ》る。

37 ページ **アフリカゾウ**

[体長《たいちょう》：7m くらい]

アフリカに　すむ。りくの　生《い》きもので
もっとも　大《おお》きい。むれの　なかまで　よく
たすけあう。

37 ページ **カエルアマダイ**

[体長《たいちょう》：6cm くらい]

日本《にほん》から　南《みなみ》の　海《うみ》に　すむ。海《かい》ていの
すなに　あなを　ほって　くらす。

監修　今泉忠明　NDC480（動物学）
教科書にでてくる　生きものをくらべよう　全4巻
❸ 生きものの 赤ちゃん
学研プラス　2020　40P 26.2cm
ISBN 978-4-05-501323-9　C8345

教科書にでてくる　生きものをくらべよう

❸ 生きものの 赤ちゃん

2020年2月18日　初版第1刷発行
2022年2月8日　第4刷発行

監修　今泉忠明
発行人　代田雪絵
編集人　松田こずえ
編集担当　山下順子
発行所　株式会社 学研プラス
〒141-8415
東京都品川区西五反田 2-11-8
印刷所　大日本印刷株式会社

この本に関する各種お問い合わせ先

- 本の内容については、下記サイトのお問い合わせフォームよりお願いします。
https://gakken-plus.co.jp/contact/
- 在庫については　Tel 03-6431-1197（販売部直通）
- 不良品（落丁、乱丁）については　Tel 0570-000577
学研業務センター　〒354-0045 埼玉県入間郡三芳町上富 279-1
- 上記以外のお問い合わせは
Tel 0570-056-710（学研グループ総合案内）

- 監修

今泉忠明

動物学者。「ねこの博物館」館長。東京水産大学（現・東京海洋大学）卒業。国立科学博物館で哺乳類の分類学、生態学を学び、各地で哺乳動物の生態調査を行っている。『学研の図鑑 LIVE』（学研）、『ざんねんないきもの事典』（高橋書店）など著書・監修書籍多数。

- 編集協力
（有）きんずオフィス

- 装丁・本文デザイン
カミグラフデザイン

- 写真協力
アフロ
下記に記載のないものはすべて

PPS通信社
P29下

PIXTA
P23上，P38（ライオン）

フォトライブラリー
P20（ウリ）

- DTP
（株）四国写研